Iman Nacíri

La Règlementation Thermique Grenelle de l'Environnement 2012 - RT 2012

Mouhsana Hajouai
Iman Naciri

La Règlementation Thermique Grenelle de l'Environnement 2012 - RT 2012

Éditions universitaires européennes

Impressum / Mentions légales

Bibliografische Information der Deutschen Nationalbibliothek: Die Deutsche Nationalbibliothek verzeichnet diese Publikation in der Deutschen Nationalbibliografie; detaillierte bibliografische Daten sind im Internet über http://dnb.d-nb.de abrufbar.

Alle in diesem Buch genannten Marken und Produktnamen unterliegen warenzeichen-, marken- oder patentrechtlichem Schutz bzw. sind Warenzeichen oder eingetragene Warenzeichen der jeweiligen Inhaber. Die Wiedergabe von Marken, Produktnamen, Gebrauchsnamen, Handelsnamen, Warenbezeichnungen u.s.w. in diesem Werk berechtigt auch ohne besondere Kennzeichnung nicht zu der Annahme, dass solche Namen im Sinne der Warenzeichen- und Markenschutzgesetzgebung als frei zu betrachten wären und daher von jedermann benutzt werden dürften.

Information bibliographique publiée par la Deutsche Nationalbibliothek: La Deutsche Nationalbibliothek inscrit cette publication à la Deutsche Nationalbibliografie; des données bibliographiques détaillées sont disponibles sur internet à l'adresse http://dnb.d-nb.de.

Toutes marques et noms de produits mentionnés dans ce livre demeurent sous la protection des marques, des marques déposées et des brevets, et sont des marques ou des marques déposées de leurs détenteurs respectifs. L'utilisation des marques, noms de produits, noms communs, noms commerciaux, descriptions de produits, etc, même sans qu'ils soient mentionnés de façon particulière dans ce livre ne signifie en aucune façon que ces noms peuvent être utilisés sans restriction à l'égard de la législation pour la protection des marques et des marques déposées et pourraient donc être utilisés par quiconque.

Coverbild / Photo de couverture: www.ingimage.com

Verlag / Editeur:
Éditions universitaires européennes
ist ein Imprint der / est une marque déposée de
OmniScriptum GmbH & Co. KG
Heinrich-Böcking-Str. 6-8, 66121 Saarbrücken, Deutschland / Allemagne
Email: info@editions-ue.com

Herstellung: siehe letzte Seite /
Impression: voir la dernière page
ISBN: 978-3-8417-4458-6

Sommaire

I. Introduction

Dans le cadre de notre formation en master 2 mention urbanisme, environnement, aménagement (URBE'A) spécialité génie civil, nous devons réaliser un projet de recherche et développement. L'objectif de ce projet est de permettre à l'étudiant d'avoir des connaissances spécifiques sur un sujet en rapport avec des méthodes de constructions performantes et innovantes.

Différents thèmes nous ont été proposés, mais nous avons choisi celui qui nous paraissait le plus intéressant à nos yeux. L'intitulé exact de notre projet R&D est : « Audit énergétique des bâtiments et préconisation d'actions chiffrées en vue de réduire et contrôler les consommations d'énergie », soit « La Règlementation Thermique Grenelle de l'Environnement 2012 : RT 2012 ».

En effet, aujourd'hui, de tous les secteurs économiques, celui du bâtiment est le plus gros consommateur d'énergie en France (42,5 % de l'énergie finale totale) et génère 23 % des émissions de gaz à effet de serre (GES). La facture annuelle de chauffage représente 900€ en moyenne par ménage, avec de grandes disparités (de 250€ pour une maison « basse consommation» à plus de 1 800€ pour une maison mal isolée). Elle pèse lourdement sur le pouvoir d'achat des ménages, particulièrement sur les plus modestes d'entre eux. Ces dépenses tendent à augmenter avec la hausse du prix des énergies. La réduction de la consommation d'énergie permet une réduction des émissions de gaz à effet de serre.

C'est pourquoi, mettre en vigueur des normes de plus en plus ambitieuses pour les bâtiments existants et neufs et de développer de nouvelles formes de construction comme maison passive ou BBC sont des enjeux pour notre avenir écologique. Un des enjeux clé pour contenir la dérive climatique est de diviser par 4 d'ici 2050 ces émissions de gaz à effet de serre et donc de baisser de façon conséquente les consommations d'énergie dans ce secteur. Le Grenelle de l'environnement a clairement montré que le chemin pour y parvenir passe par une forte accélération de la réglementation thermique.

Qu'est-ce que la réglementation thermique ? Depuis quand parle-t-on de RT ? que dit la RT Grenelle Environnement actuelle 2012 ? Quels sont les paramètres techniques pris en compte ? Quelles pourraient être les solutions avenirs ? Etc. Beaucoup de questions que nous nous sommes posées et que nous avons tenté de réponde dans ce présent document.

II. Généralités sur la réglementation thermique

La réglementation thermique française a pour but de fixer une limite maximale à la consommation énergétique des bâtiments neufs pour le chauffage, la ventilation, la climatisation, la production d'eau chaude sanitaire et l'éclairage.

Un peu d'histoire : c'est depuis le premier choc pétrolier en 1973 avec la hausse des prix et de la consommation d'énergie que la France met en place la première réglementation thermique afin de réduire les factures d'énergétiques. Cette première réglementation adoptée en 1974 ne s'applique que sur les bâtiments neufs d'habitation. L'objectif de la RT 1974 est la réduction de 25% de la consommation énergétique des bâtiments, par rapport aux normes en vigueur depuis la fin des années 1950, en tenant compte de l'isolation des parois extérieures et du renouvellement de l'air afin de limiter les déperditions de chaleur. Différents coefficients de déperdition thermique sont déterminés pour une meilleure optimisation des bâtiments ; ces coefficients sont vus et revus à cette époque.

Toutefois, en 1979, le deuxième choc pétrolier aboutit et l'histoire se répète. On cherche rapidement un renforcement des mesures en faveur des économies d'énergie et on met alors en vigueur une nouvelle réglementation thermique qui sera adopté en 1988 (RT 1988) pour les bâtiments résidentiels et non-résidentiels. Celle-ci vise un nouveau gain de 20% sur la consommation énergétique par rapport à la précédente.

La troisième réglementation thermique date de 2000 (RT 2000). Elle s'appliquait aux bâtiments neufs résidentiels (consommation maximale réduite de 20 % par rapport à la RT 1988) et tertiaires (consommation maximale réduite de 40 %). Elle introduit un nouveau coefficient C qui permet un calcul théorique basé sur l'ensemble des besoins de chauffage et d'eau chaude sanitaire (ECS) en tenant compte des rendements des équipements.

Le 1er septembre 2006, la RT 2005 a remplacé la RT 2000. Par rapport à la RT 2000, la RT 2005 demande une amélioration de 15 % de la performance thermique et s'applique aux bâtiments neufs et aux parties nouvelles. Depuis, la réglementation thermique, par des arrêtés complémentaires, s'attaque au domaine de la rénovation.

Aussi il s'agit maintenant d'une condition pour parvenir à l'objectif affiché dans le plan climat (2004) d'une amélioration de la performance énergétique de 40% entre 2000 et 2020. Pour atteindre ces exigences renforcées, la RT 2010 devait faire un premier pas et prévoir le THPE (très haute performance énergétique) comme base. Retard aidant, la RT2010 est abandonnée au profit de la RT 2012.

La future réglementation thermique s'inscrit dans la politique générale de la France de maîtrise de l'énergie et de réduction des gaz à effet de serre. La RT 2012 doit en effet permettre au secteur du bâtiment, très gros émetteur de gaz à effet de serre, d'atteindre les objectifs de la loi Grenelle 1, entérinée le 3 août dernier, puis Grenelle 2 en cours de discussion.

La RT 2012, qui remplacera la RT 2005, s'appliquera à toutes les constructions neuves faisant l'objet d'un permis de construire posé à compter de la fin 2012, mais dès 2010, à tout le secteur tertiaire non résidentiel ainsi que les logements neufs construits dans le cadre du programme national de rénovation urbaine.

Depuis la mise en place d'une réglementation thermique de 1974, la consommation énergétique des constructions neuves a été divisée par 2. Le Grenelle Environnement prévoit de la diviser à nouveau par 3 grâce à une nouvelle réglementation thermique, dite RT 2012. Pour atteindre cet objectif, le plafond de 50kWhEP/m^2/an, valeur moyenne du label « bâtiments basse consommation » (BBC), devient la référence dans la construction neuve depuis 2012. Ce saut permettra de prendre le chemin des bâtiments à énergie positive en 2020. **Depuis janvier 2013, il est désormais obligatoire de construire en BBC**

III. La réglementation thermique Grenelle Environnement 2012

Le 6 juillet 2010, Jean-Louis Borloo et Benoist Apparu ont présenté la réglementation thermique Grenelle Environnement 2012 (RT 2012). Le lancement de la réglementation thermique Grenelle Environnement 2012 permet la généralisation des bâtiments basse consommation, une ambition sans équivalent en Europe. Cette réglementation est désormais achevée, après deux ans de travaux et une large concertation, selon la méthode de Grenelle Environnement.

1. Les objectifs :

La réglementation thermique Grenelle Environnement 2012 impose une consommation d'énergie primaire limitée à 50 kWhep/m^2/an.

La RT 2012 est une réglementation plus simple et plus lisible, offrant une grande liberté dans la conception des bâtiments.

Les avancées de la réglementation thermique Grenelle Environnement 2012 : une consommation globale d'énergie réduite d'un facteur 2 à 4, des besoins de chauffage divisés par 2 ou 3 grâce à une meilleure conception des bâtiments, une généralisation des techniques les plus performantes.

Une évolution du processus de construction grâce à la réglementation thermique Grenelle Environnement 2012 : des bâtiments mieux pensés et moins standardisés grâce à une véritable analyse bioclimatique dès les premiers stades de la conception.

Une contribution majeure de la feuille de route énergétique et climatique du Grenelle Environnement : 150 milliards de kWh économisés et jusqu'à 35 millions de tonnes de CO_2 en moins d'ici 2020.

Des coûts de construction maîtrisés, un bouquet de solutions techniques en concurrence, et finalement un gain de pouvoir d'achat pour les Français : 5 000€ à 15 000€ économisés sur 20 ans.

La réglementation thermique 2012, tout comme la RT 2005, exprime des exigences en énergie primaire, à ne pas confondre avec l'énergie finale. L'énergie finale (kWh_{EF}) est la quantité d'énergie disponible pour l'utilisateur final. L'énergie primaire (kWh_{EP}) est la consommation nécessaire à la production de cette énergie finale. Par convention, du fait des pertes liées à la production, la transformation, le transport et le stockage :

- pour l'électricité : 1 kWh_{EF} ⟷ 2,58 kWh_{EP}
- pour les autres énergies (gaz, réseaux de chaleur, bois, etc) : 1 kWh_{EF} ⟷ 1 kWh_{EP}

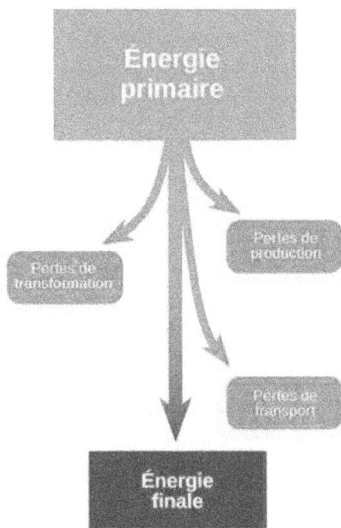

2. Les dates de la RT 2012 :

Juin 2010 : finalisation du décret et des arrêtés, méthode de calcul et exigences.

Juillet 2010 : notification à la Commission européenne.

Novembre 2010 : publication des textes réglementaires.

Novembre 2010 : disponibilité des logiciels d'application de la RT 2012.

1er juillet 2011 : application de la réglementation aux bâtiments tertiaires (bureaux, bâtiments d'enseignement primaire et secondaire, établissements d'accueil de la petite enfance) et les bâtiments à usage d'habitation construits en zone ANRU (agence nationale pour la rénovation urbaine)).

1er janvier 2013 : application de la réglementation aux bâtiments résidentiels.

3. Les exigences de résultats :

La RT 2012 comporte trois exigences de résultats relatives à la performance du bâtiment. Les exigences relatives aux indices Bbio et Cep sont désormais exprimées en valeur absolue, et non plus en valeur relative. Elles portent sur la performance globale du bâtiment et non sur les performances des éléments constructifs et systèmes énergétiques pris séparément. Ainsi, une plus grande liberté de conception est laissée aux maîtres d'œuvre.

L'indice « Bbio » permet de caractériser l'impact de la conception bioclimatique sur la performance énergétique du bâti. Une exigence d'efficacité énergétique minimale du bâti est introduite : le « Bbio » du bâtiment considéré doit être inférieur à une valeur maximale «$Bbio_{max}$».

$$Bbio \leq Bbio_{max}$$

Le Bbio est une innovation majeure de la RT 2012. Il valorise la qualité intrinsèque de la conception du bâti. La démarche bioclimatique optimise entre autres l'orientation, les apports solaires, l'éclairage naturel, le niveau d'isolation, l'inertie, la compacité et la mitoyenneté.

L'indice « Tic » propre au bâtiment, caractérise sa température intérieure conventionnelle. L'exigence relative au confort d'été est maintenue : le « Tic » du bâtiment considéré doit être inférieur à une valeur de référence « Tic_{ref}».

$$Tic \leq Tic_{ref}$$

L'indice « Cep », propre au bâtiment, caractérise sa consommation d'énergie primaire. La RT 2012 pose une exigence de consommation conventionnelle maximale d'énergie primaire du bâti : l'indice « Cep » du bâtiment considéré doit être inférieur à une valeur maximale « Cep$_{max}$».

$$Cep \leq Cep_{max}$$

4. **Les aides fiscales :**

L'Etat a élaboré, à travers les lois de finances successives et sous l'impulsion du Grenelle Environnement, un dispositif d'aides et d'incitation fiscales en faveur d'un habitat plus respectueux de l'environnement, mais aussi différentes mesures visant à réduire les émissions de gaz à effet de serre, notamment liées à la production de chaleur.

5. **Principes de la réforme de la fiscalité environnementale :**

- l'incitation : il s'agit d'encourager les comportements vertueux sans aucun objectif de rendement budgétaire et sans infliger de pénalités financières injustifiées, notamment en l'absence d'alternative crédible ;
- la neutralité sur les prélèvements obligatoires : la réforme a été construite de façon à ce que, sur trois ans, l'accroissement des recettes fiscales soit exactement compensé par l'augmentation des aides fiscales ;
- la préservation du pouvoir d'achat des ménages et de la compétitivité des entreprises : les réformes fiscales permettent de distribuer de façon importante du pouvoir d'achat aux ménages grâce à l'ampleur des aides fiscales offertes et les prélèvements sur les entreprises sont limités ;
- la progression de la mise en œuvre : les délais d'adaptation des entreprises sont respectés (ex. : l'éco-redevance sur les poids lourds est applicable depuis 2011 et l'augmentation de la taxe générale sur les activités polluantes est étalée dans le temps) ;
- la simplicité et la lisibilité : sauf exceptions dûment justifiées, les dispositifs administrativement complexes à gérer (conditions de ressources, exonérations, plafonnements) ont été évités ; ainsi l'éco-prêt à 0 % pour la rénovation thermique des logements anciens est extrêmement simple : 30 000 € maximum, sans condition de ressources avec une durée maximale de 10 ans ;
- l'affectation intégrale du produit de la fiscalité environnementale au financement des mesures du Grenelle Environnement : les recettes du budget de l'État ne bénéficient aucunement du relèvement de la fiscalité environnementale qui est entièrement affecté au financement de dépenses de protection de l'environnement (ex : l'éco-redevance poids lourds est affectée à l'Agence de financement des infrastructures de transports de France, l'augmentation de la taxation des pesticides finance le plan éco-phyto 2018, l'accroissement de la taxe générale sur les activités polluantes finance notamment un plan d'investissement

des collectivités locales dans les équipements de prévention et de recyclage des déchets).

6. Les logements neufs :

La construction de logements à faibles besoins énergétiques, respectant le label bâtiment de basse consommation énergétique (BBC) est susceptible de contribuer à la réduction des émissions de gaz à effet de serre. Aussi, le projet de loi de Finances de 2010 recentre l'incitation fiscale dite Scellier vers la construction de ce type de logements.

Afin d'accroître la part des constructions de logements plus économes en énergie et d'accélérer le développement des constructions respectant la norme BBC, l'article 82 de la loi de finances de 2010 réserve cet avantage fiscal aux logements les plus écologiques, et diminue celui accordé aux logements n'atteignant pas ce niveau de performance énergétique par un abaissement progressif du taux de la réduction d'impôt.

Ainsi, pour les logements qui respectent la RT, le taux de réduction d'impôt est de -10% pour les logements acquis ou construits depuis 2012.

Inciter à l'acquisition de logements en avance sur la réglementation thermique

Objectif

Inciter les ménages à faire l'acquisition de logements neufs en avance sur la réglementation thermique – logements BBC (bâtiments basse consommation) ou BEPOS (bâtiment à énergie positive) en compensant une partie des surcoûts liés à l'acquisition de ce type de logements.

Pourquoi ?

Il est indispensable de préparer les acteurs (architectes, sous-traitants, fournisseurs) aux ruptures technologiques majeures qui sont inéluctables à moyen terme. Il s'agit donc d'initier une demande de logements construits selon les normes BBC ou BEPOS pour que la filière puisse bénéficier d'une période d'apprentissage suffisante pour lui permettre d'acquérir le savoir-faire nécessaire à un basculement réussi en tout BBC (2012) ou en tout BEPOS (2020).

Comment ?

Il ne s'agit pas de créer de nouvelles niches fiscales mais de « verdir » des dispositifs existants. D'une part en accordant un avantage supplémentaire aux ménages faisant l'acquisition d'un logement BBC ou BEPOS. Les mesures votées concernent :

- le prêt à taux zéro à l'acquisition dont peuvent bénéficier les ménages de condition modeste qui acquièrent pour la première fois leur résidence principale : ce prêt à taux zéro pourra être dorénavant majoré d'une somme maximale de 20 000 € en cas d'acquisition d'un logement BBC ou BEPOS (LF 2009, art. 100). Cette majoration est prorogée jusqu'en 2012 (LF 2010, art. 90) ;
- le crédit d'impôt TEPA au titre des intérêts des emprunts contractés pour l'acquisition de la résidence principale : ce crédit d'impôt s'appliquera les sept premières annuités (et non plus les cinq premières) et son taux sera de 40 % durant toute la période et non plus 40 % la première annuité et 20 % les annuités suivantes (LF 2009, art. 103) ;
- la réduction d'impôt Scellier en faveur de l'investissement locatif : le taux de la réduction d'impôt est majoré de dix points depuis 2011 (LF 2010, art. 82) ;
- la possibilité pour les collectivités territoriales de prendre des délibérations visant à accorder un avantage spécifique (exonération totale ou partielle) en matière de taxe foncière sur les propriétés bâties (LF 2009, art. 107).

D'autre part, en limitant progressivement les avantages accordés aux ménages faisant l'acquisition d'un logement non BBC. Les mesures votées concernent :

- le crédit d'impôt TEPA au titre des intérêts des emprunts contractés pour l'acquisition de la résidence principale : le taux du crédit d'impôt est progressivement réduit sur la période 2010-2012. Les taux de 20 % (et 40 % la première année) sont ainsi respectivement ramenés à 15 % (et 30 %) en 2010, 10 % (et 25 %) en 2011 et 5 % (et 20 %) en 2012 (LF 2010, art. 84) ;
- la réduction d'impôt Scellier en faveur de l'investissement locatif : le taux de la réduction d'impôt diminue progressivement dès 2011. Le taux de 20 % sera ainsi ramené à 15 % en 2011 et 10 % en 2012 (LF 2010, art. 82).

Dans le cadre du plan de relance, le plafond du PTZ a été porté, de manière temporaire, de 32 500 € à 65 100 € (LFR 2008, art. 30). Ce doublement a été prorogé jusqu'au 30 juin 2010, une majoration de 50 % étant applicable sur le second trimestre de cette même année (LF 2010, art. 90). La majoration spécifique de 20 000 € applicable pour les logements BBC ou BEPOS demeure applicable avec ce nouveau plafond.

Faire en sorte que la réglementation thermique soit réellement appliquée

Objectif

Faire en sorte que la réglementation thermique soit réellement appliquée dans le neuf.

Pourquoi ?

Des enquêtes montrent que la part des constructions neuves ne respectant pas les exigences imposées par la réglementation est importante : au-delà de ses effets sur l'environnement, cette situation n'est pas satisfaisante car, en définitive, ce sont les acquéreurs qui en supportent les conséquences via une facture énergétique trop élevée.

<u>Comment ?</u>

Il s'agit de conditionner le bénéfice des avantages fiscaux destinés à favoriser l'acquisition d'une résidence principale ou à encourager l'investissement locatif à la production d'une attestation établie par un professionnel indépendant certifiant que l'immeuble respecte bien la réglementation thermique. Les mesures votées concernent :

- le crédit d'impôt TEPA au titre des intérêts des emprunts contractés pour l'acquisition de la résidence principale (LF 2009, art. 103) ;
- les dispositifs d'aide à l'investissement locatif Robien et Borloo (LF 2009, art. 104) et la nouvelle réduction d'impôt prévue à l'article 31 de la LFR en 2008.

7. Les logements anciens

Inciter les ménages à réaliser des travaux de rénovation thermique efficaces

<u>Objectif</u>

Faciliter le financement des travaux de rénovation thermique efficaces.

<u>Pourquoi ?</u>

Le secteur du bâtiment, qui consomme plus de 40 % de l'énergie finale et contribue pour près du quart aux émissions nationales de gaz à effet de serre, représente le principal gisement d'économies d'énergie exploitable immédiatement. Un plan de rénovation énergétique et thermique des constructions, réalisé à grande échelle, réduira durablement les dépenses énergétiques, améliorera le pouvoir d'achat des ménages et contribuera à la réduction des émissions de dioxyde de carbone.

<u>Comment ?</u>

Par la mise en place d'un éco-prêt à 0 % pour le financement des travaux de rénovation lourde, l'objectif étant que les économies résultant de la réduction des consommations d'énergie financent une part importante du remboursement du capital, les intérêts étant payés par l'État (LF 2009, art. 99).

<u>Principales caractéristiques de l'éco-prêt à 0 %</u>

- Un régime ouvert à tous, quel que soit le niveau de ressources de l'emprunteur ;
- un régime applicable aux ménages (propriétaires occupants, propriétaires bailleurs, copropriétaires) et à certaines SCI et un régime réservé aux seuls

logements occupés à titre de résidence principale (exclusion des résidences secondaires) ;

- un régime cumulable, jusqu'à fin 2010 et sous condition de ressources, avec le crédit d'impôt sur le revenu « développement durable » (chaudière, isolation, chauffe-eau solaire, pompe à chaleur...) ;
- un régime limité aux seules opérations de rénovation lourde ; il s'agit des opérations privilégiant une approche globale qui, soit garantiront une performance énergétique minimale des logements anciens à usage de résidence principale, soit permettront la réhabilitation de systèmes d'assainissement non collectif par des dispositifs ne consommant pas d'énergie, soit comporteront des ensembles cohérents de travaux d'amélioration de la performance thermique de ces logements. Dans ce dernier cas, l'éco-prêt à 0 % sera accordé pour la réalisation d'un ensemble de travaux cohérents comprenant au moins deux des catégories de travaux suivantes : travaux d'isolation thermique performants des toitures, travaux d'isolation thermique performants des murs donnant sur l'extérieur, travaux d'isolation thermique performants des parois vitrées et portes donnant sur l'extérieur, travaux d'installation, de régulation ou de remplacement de systèmes de chauffage ou de production d'eau chaude sanitaire performants, travaux d'installation d'équipements de chauffage utilisant une source d'énergie renouvelable, travaux d'installation d'équipements de production d'eau chaude sanitaire utilisant une source d'énergie renouvelable ;
- montant : l'éco-prêt à 0 %, qui pourra financer la totalité du montant des travaux, ne pourra excéder la limite de 30 000 € par logement ; le montant de ce plafond dépendra des caractéristiques du bouquet de travaux réalisés ;
- durée maximale : 10 ans en principe.

Améliorer le crédit d'impôt sur le revenu « développement durable »

Le crédit d'impôt « développement durable », prévu à l'article 200 quater du code général des impôts, est une aide fiscale qui permet aux ménages de financer des dépenses d'équipement pour l'amélioration de l'efficacité énergétique de leur résidence principale (matériaux isolants, chaudières, fenêtres, équipements EnR...)

Objectifs

Faire évoluer le crédit d'impôt « développement durable » pour les rénovations légères selon la logique suivante (LF 2009, art. 109 ; LFR 2009, art. 58) :

- le principe du crédit d'impôt est confirmé en 2012 ;
- les soutiens cibleront les équipements et les travaux les plus performants : extension du crédit d'impôt aux frais de main-d'œuvre pour les travaux d'isolation thermique des parois opaques, extension du crédit d'impôt aux bailleurs (plafond des dépenses éligibles fixé à 8 000 € par logement dans la limite de 3 logements), extension du crédit d'impôt aux frais engagés lors des diagnostics de performance énergétique (taux de 50 %) ; extension du crédit

d'impôt aux chauffe-eaux thermodynamiques (taux de 40 %), extension du crédit d'impôt aux coûts d'installation d'une pompe à chaleur géothermique (taux de 40 %) ;

- les taux de soutien seront revus au fur et à mesure de la diffusion des équipements afin d'orienter le soutien public vers des équipements toujours plus performants : ainsi, dans l'ancien, les chaudières à basse température seront exclues, le taux du crédit d'impôt applicable aux appareils de chauffage au bois et aux pompes à chaleur sera progressivement réduit (passage de 50 % à 40 % en 2009 puis à 25 % en 2010, le taux de 40 % étant maintenu pour les pompes à chaleur géothermiques et le remplacement des chaudières à bois), celui applicable aux fenêtres et chaudières à condensation passera de 25 % à 15 % en 2010 et les pompes à chaleur air/air sont exclues du dispositif depuis 2009.

Pourquoi ?

Ce dispositif de soutien doit nécessairement tenir compte de l'évolution des technologies et du développement des filières concernées : si un soutien public à hauteur de 50 % se justifie pour des équipements coûteux ne représentant qu'une faible part de marché, un tel niveau se justifie moins lorsque la filière en cause connaît un fort développement.

IV. Les exigences de la RT 2012.

1. Une conception bioclimatique du bâti

La grande nouveauté en matière de réglementation thermique est liée à l'efficacité énergétique du bâti dans son ensemble et non uniquement sur le niveau d'isolation de l'enveloppe. En effet, en plus du niveau d'isolation de l'enveloppe, la RT 2012 valorise la conception bioclimatique du bâti avec entre autre une maximisation des apports solaires en hiver, de l'éclairage naturel, etc.

A ce stade de la conception, on ne travaille pas encore sur les matériaux isolants de l'enveloppe ou les équipements.

L'efficacité énergétique du bâti est caractérisée par le coefficient de besoin bioclimatique: le Bbio, exprimé en nombre de points. Il permet de mesurer la capacité d'un bâti à limiter à la fois les besoins en énergie pour le chauffage (Bch), le refroidissement (Bfr) et l'éclairage artificiel (Becl) et ce indépendamment des équipements et systèmes énergétiques choisis (chauffage, refroidissement, eau chaude sanitaire, éclairage artificiel ...)

Le Bbio se calcule de la manière suivante :

$$Bbio = 2 \times Bch + 2 \times Bfr + 5 \times Becl$$

Ce coefficient doit être le plus petit possible. Les besoins en énergie pour l'éclairage doivent être fortement réduits car ils sont multipliés par un facteur 5 contre un facteur 2 pour le refroidissement et le chauffage dans le calcul du Bbio.

Ce coefficient doit obligatoirement être inférieur à une valeur à une valeur maximale (Bbiomax) qui varie d'un bâtiment à l'autre selon l'utilisation du bâtiment, la localisation géographique (Mbgeo), l'altitude (Mbalt) et la surface (Mbsurg).

Le Bbiomax se calcule de la manière suivante :

Bbiomax = Bbiomaxmoyen x (Mbgeo + Mbalt + Mbsurf)

Le Bbiomaxmoyen dépend de la catégorie du logement. En effet, les logements de catégories CE2 sont les logements considérés comme ne pouvant se passer de système de refroidissement. Ce sont des logements situés en zone H2d ou H3 à une altitude inférieure à 400 m et exposé au bruit BR2 ou BR3 (donc ne pouvant pas ouvrir leurs fenêtres à volonté pour ventiler). Tous les autres bâtiments d'habitations sont en catégorie CE1.

Mbgeo varie en fonction de la zone géographique. Il permet de compenser mes différences météorologiques entre les différentes régions françaises.

La RT 2012 découpe la France en 8 zones comme le montre la carte ci-dessous :

Zones climatiques en France

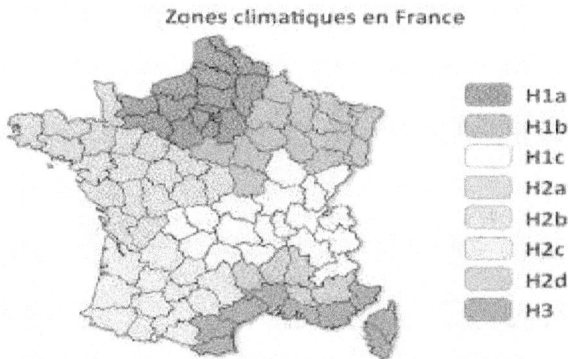

Zones climatiques	Mbgéo
H1a	1,2
H1b	1,4
H1c	1,2
H2a	1,1
H2b	1,0

H2c	0,9
H2d	0,8
H3	0,7

Le coefficient Mbalt est fonction de l'altitude du bâtiment. Ce coefficient compense la difficulté liée à la baisse de température en altitude.

Altitude	Mbalt
0 à 400 m	0
401 à 800 m	0,2
801 et plus	0,4

Le calcul du coefficient Mbsurf est plus difficile à appréhender. L'expérience des précédentes réglementations a montré qu'il est plus simple d'obtenir de bonnes performances pour les grandes surfaces que pour les petites.

Pour éviter de pénaliser les ménages faisant construire des logements de petites surfaces, la RT 2012 corrige cela à l'aide du coefficient Mbsurf.

Shon RT	Mbsurf
0 à 120 m2	(30 - 0,25 x ShonRT)/Bbiomaxmoyen
121 à 140 m2	0
141 à 200 m2	((70/3) - (ShonRT/6))/Bbiomaxmoyen
200 m2 et plus	-10/Bbiomaxmoyen

Pour les immeuble collectifs, Mbsurf = 0.

Il est possible de calculer simplement le Bbiomax et le Cepmax d'un projet sur le site suivant : http://rt2012.senova.fr/

Les stratégies à adopter

La conception bioclimatique d'un logement vise à construire des ouvrages en accord avec l'environnement extérieur, en prenant en compte le contexte géographique, le confort recherché par les habitants ainsi que le contexte architectural.

La conception bioclimatique se divise en trois sous catégories, à savoir : la conception pour l'hiver, pour l'été et pour l'éclairage naturel.

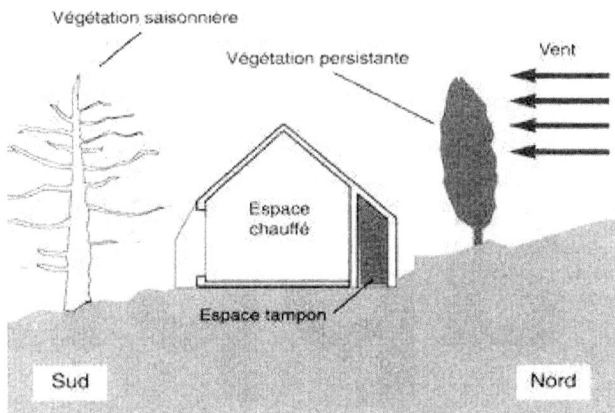

Végétation saisonnière

Végétation persistante

Vent

Espace chauffé

Espace tampon

Sud

Nord

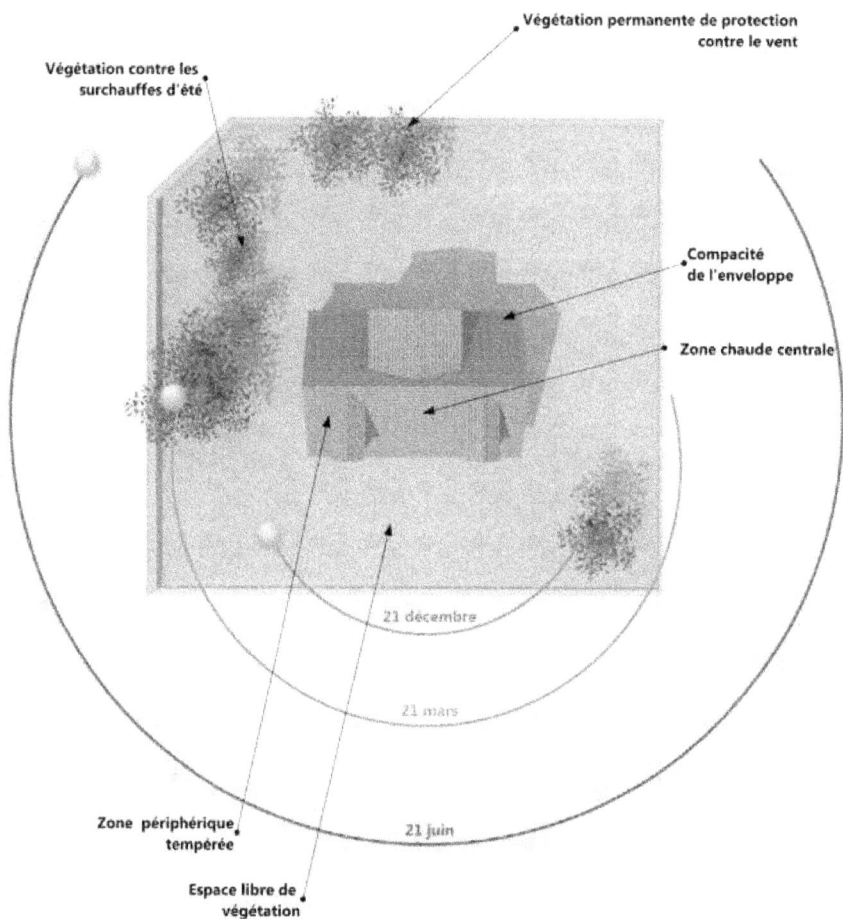

Réalisé d'après l'ouvrage : "RT 2012 et RT Existant: Réglementation thermique et efficacité énergétique" Par Dimitri Molle et Pierre-Manuel Patry, éd. Eyrolles

Stratégie du chaud pour l'hiver

En hiver, le bio climatisme a pour objectif de maximiser les apports naturels d'énergie et de limiter les pertes liées à l'architecture.

Les points sur lesquels il est donc indispensable de réfléchir sont :

- le positionnement des ouvertures : elles doivent se trouver en priorité au sud où l'ensoleillement est maximum afin d'augmenter les apports scolaires naturels. Cela réduit les consommations d'énergie et améliore le confort d'été.
- la compacité de la maison : on cherche a dessiner une maison compacte, avec un minimum de surfaces de déperditions vers l'extérieur.
- le positionnement des pièces : les pièces de vie (salon, chambres, etc.) dans lesquelles les occupants passent la majeur partie de leur temps se trouveront au sud pour un meilleur confort. Les pièces de services (buanderie, cellier, garage, etc.) et les pièces à usage ponctuel (couloirs, salle d'eau, cuisine) seront situées de préférence au nord.

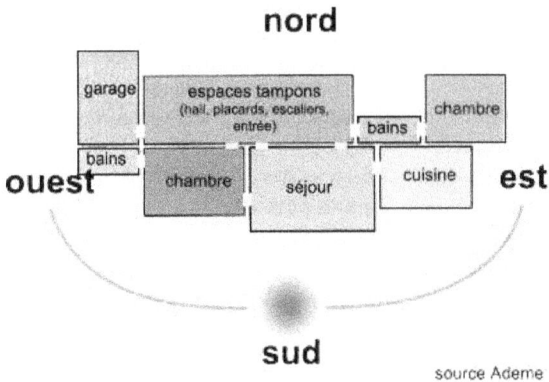

source Ademe

La stratégie du froid pour l'été

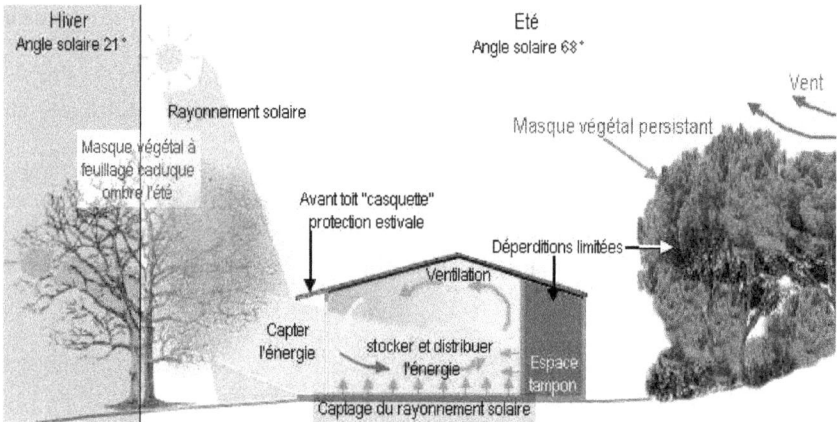

Dans les bâtiments conformes à la RT 2012 pour lesquels on s'applique à réduire au maximum les pertes d'énergie, les surchauffes durant l'été peuvent devenir énormes si on ne les anticipent pas. De plus, recourvir à la climatisation dans ce cas est absurde étant donné qu'on cherche a faire des efforts par ailleurs pour réduire les consommations de chauffage. Pour assurer un bon confort d'été, la conception bioclimatique d'été semble donc idéale. Elle vise a minimiser les apports en énergie et dissiper la chaleur.

Cette stratégie est basée sur :

- La protection du rayonnement scolaire par l'utilisation de brise-soleil extérieurs ou de casquettes scolaires et par la mise en place de végétation caduque au sud. En effet, le feuillage protège la maison en été et n'empêche pas les rayons du soleil de rentrer en hiver.
- La réduction des apports internes en chaleur (production de chaleur liée à l'éclairage, au matériel électronique ...) passe par une optimisation de l'éclairage naturel et la mise en place d'éclairage économe et l'utilisation de matériels de classe énergétique A (réfrigirateurs, photocopieurs, ordinadeurs...).
- L'inertie du bâtiment à savoir que la fraicheur de la nuit sera stockée dans la masse interne (murs de refend, sols, plafonds, cloisons lourdes...) et sera ensuite restituée à la maison pendant la journée. Cela correspond à l'effet positif de l'inertie en été et nécessaire à une bonne ventilation nocturne.
- L'utilisation de la ventilation c'est à dire qu'on ventillera fortement son habitation durant la nuit pour refroidir la maison. Une VMC pourra assurer ce rôle mais il est aussi possible de concevoir une ventilation naturelle dont les grands principes sont l'effet de la cheminée et le positionnement des ouvertures sur des faces opposées du bâtiment.

La stratégie de l'éclairage naturel

	La stratégie du chaud en hiver	La stratégie du froid en été	La stratégie de l'éclairage naturel toute l'année	Contraintes éventuelles du projet (PLU, COS, géographie, climat)	Choix arrêté
Topographie / végétation	Utiliser le relief et la végétation environnants pour se protèger des vents dominants	Utiliser le relief et la végétation environnants pour se protéger du soleil	Pas d'arbre pour laisser la lumière entrer dans la maison surtout en hiver		Planter des arbres à feuilles persistantes au nord et à feuilles caduques au sud
Plan masse / orientation	Orienter la maison vers le sud pour profiter des apports solaires gratuits		Placer les pièces de vie où il y a le plus d'éclairage naturel	Orientation obligatoire de la maison selon l'axe de la rue	Positionner les pièces de service au nord et les pièces de vie au sud
Volumétrie / compacité	Une maison compacte pour minimiser les murs en contact avec l'extérieur et donc des déperditions	Un patio intérieur pour pouvoir ouvrir les fenêtres la nuit sans risques d'infraction			
Ouvertures	Grandes ouvertures au sud pour laisser entrer la chaleur du soleil	Petites ouvertures pour ne pas avoir trop de chaleur l'été. Des protections scolaires pour réduire les apports	Grandes ouvertures pour laisser entrer la lumière - prévoir des puits de lumière		Grandes ouvertures au sud avec des volets extérieurs et des casquettes solaires pour l'été
Fournitures intérieures		Avoir un électroménager de classe A pour limiter les apports internes de chaleur			
Finitions / revêtements	Revêtement extérieur foncé pour absorber la chaleur	Revêtement extérieur de couleur clair pour réfléchir la chaleur des			

murs inertiels
pour stocker la
chaleur de la
nuit

2. Une faible consommation d'énergie primaire

Une fois que les principaux concepts de l'architecture bioclimatiques sont maîtrisés, il faut réfléchir à la notion d'isolation thermique. Ce terme n'est pas nouveau, mais les objectifs de la RT 2012 sont tels que les épaisseurs d'isolant, la qualité du traitement des ponts thermiques et le soin apporté à la pose des matériaux devront être bien supérieurs aux standards actuels.

Dans cette partie, nous allons essayer de comprendre les critères à prendre en compte pour concevoir un bâti performant énergétiquement et donc, a priori, conforme à la RT 2012. Il important de rappeler que seul le calcul du Bbio permet de vérifier la conformité énergétique du bâti.

Isolation

Une isolation bien pensée contribue à garder la chaleur à l'intérieur de l'habitation en hiver et la fraicheur l'été. Pour cela, des matériaux qui conduisent très mal la chaleur sont utilisés. Ce sont des matériaux dit isolant.

Chaque matériau est caractérisé par un coefficient appelé conductivité thermique (λ) exprimé en W/m.K. La conductivité thermique mesure le flux de chaleur par seconde et par mètre carré traversant une épaisseur d'un mètre de matériau pour un écart de 1°C. Plus la conductivité thermique est faible, plus le matériau sera isolant. Un matériau est considéré comme isolant si $\lambda < 0{,}065$ **W/m.K.**

La RT 2012 n'impose aucun système d'isolation en particulier, ni aucun matériau. La seule chose qui importe, pour réduire les besoins en énergie, c'est le résultat final du Bbio et le respect de quelques exigences de moyens. Il existe différentes techniques pour isoler les murs avec les matériaux isolants : l'isolation thermique par l'intérieur, l'isolation thermique par l'extérieur, l'isolation thermique répartie et les maisons à ossatures bois ou métalliques.

Ce qui importe le plus, en matière d'isolation, pour le calcul du Bbio, c'est la résistance thermique des murs. En effet, plus la résistance thermique des murs est importante, plus les déperditions par les murs vont être faibles et plus le besoin énergétique et donc le Bbio va être faible. La formule de la résistance thermique est la suivante :

Résistance thermique (Rth) = épaisseur (e) / conductivité (λ)

C'est pour cela, que pour réduire le Bbio, il faut augmenter l'épaisseur d'isolant et diminuer la conductivité thermique de l'isolant.

La résistance thermique

Pour atteindre les performances d'un bâtiment à basse consommation (BBC), l'association Effinergie préconise de viser les résistances thermiques de parois suivantes :

	Résistance thermique (Rth) m2.K/W
Murs donnant sur l'extérieur	3,2 à 5,5
Toiture	6,5 à 10
Plancher bas sur terre-plein	2,4 à 4
Plancher bas sur vide sanitaire	3,4 à 5

Les valeurs basses sont les résistances thermiques préconisées dans le sud de la France et les valeurs hautes dans l'est. Il faut aussi noter qu'il n'y a pas de valeur maximum. Plus les résistances thermiques seront élevées et plus les pertes seront réduites. Doubler la résistance thermique d'une paroi divise par deux les pertes de cette même paroi.

Les isolants thermiques

La RT 2012 n'imposant pas une exigence de résultat, il est possible d'utiliser tous les matériaux isolants, en respectant évidemment les règles de la construction et les préconisations de pose des fabricants. Il faut cependant justifier toute valeur de caractéristique utilisée comme donnée d'entrée du calcul des coefficients Cep, Bbio, et Tic et notamment les caractéristiques thermiques des matériaux.

- Si l'isolant est certifié (en France, certification Acermi), alors R utile = R acermi
- Si l'isolant est soumis au marquage CE (laines minérales, isolants synthétiques, fibre de bois ...), alors R utile = R acermi x 0,85 (ou λ utile = λ declaré x 1,15).
- Si il n'y a aucun marquage CE ou que celui-ci ne comprend pas la caractéristique thermique mais que les caractéristiques de l'isolant sont justifiées par référence aux normes française ou aux avis techniques et sont délivrées par un organisme tierce partie indépendante, alors R utile = R déclare X 0,85.

A défaut de pouvoir justifier une valeur caractéristique selon les modalités ci-dessus, la valeur à utiliser est la valeur par défaut définie par la méthode de calcul Th-BCE 2012 et l'Arrêté du 26 octobre 2012 pour les isolants bio-sourcés.

Les valeurs par défaut tiennent compte des incertitudes liées à l'absence de mesure réalisée par une tierce partie indépendante.

Il existe trois classes principales d'isolants :

- Les isolants d'origines minérales ;
- Les isolants d'origine végétale ou animale ;
- Les isolants synthétiques.

Sachant que tous les isolants ont des caractéristiques thermiques globalement similaires (λ entre 0,023 et 0,05), pour atteindre de bonne résistance thermique, il faut donc augmenter l'épaisseur d'isolant.

Même si le choix peut être dicté par une épaisseur d'isolant maximum à ne pas dépasser, ce n'est généralement pas le critère déterminant. Le prix, l'impact sur l'environnement, la simplicité de la pose, l'impact sanitaire, etc., sont importants et peuvent beaucoup varier d'un matériau à l'autre.

A ces trois classes de matériaux isolants s'en ajoute une quatrième un peu particulière, celle regroupant les matériaux d'isolation répartie. La première fonction des ces matériaux est structurelle car ils constituent l'élément porteur des bâtiments. Ils sont bien moins isolants que les matériaux ci-dessus mais isolent bien mieux que les matériaux structurels habituels (béton, parpaings, briques).

Les isolants d'origines minérales

Les isolants en laines minérales sont des produits manufacturés, constitués à base de matières premières naturelles et abondantes, sable ou roche volcanique, ainsi que de verre recyclé appelé calcin. La laine de verre et la laine de roche sont les matériaux isolants les plus utilisés mais on peut aussi citer la vermiculite ou la perlite.

Avantages :

Ce sont les isolants les moins chers. Certains fabricants proposent aujourd'hui des matériaux 100% d'origine naturelle.

Inconvénients :

L'énergie nécessaire à la fabrication de ces matériaux est plutôt importante. Sur un cycle de vie complet, les laines minérales consommeront entre 120 et 500 kWh/m3.

Par ailleurs, les laines minérales sont sensibles à l'eau et se dégradent rapidement avec l'humidité. Elles nécessitent donc une attention toute particulière pour leur mise en œuvre :

- utilisation d'un pare-vapeur (parfaitement jointif entre les rouleaux) côté intérieur pour éviter la condensation :
- recours à un pare-pluie sous la couverture pour réduire les risques d'infiltrations d'eau sous les tuiles.

Les isolants d'origine végétale ou animale

Les isolants d'origine végétale ou animale sont souvent des produits manufacturés bien que certains matériaux soient naturellement prêts à l'emploi. De manière générale, ces isolants nécessitent au minimum un traitement contre la prolifération des insectes. On citera parmi cette catégorie la laine de bois, la laine de chanvre, la laine de lin, l   a paille, la laine de mouton, les plumes de canard.

Avantages :

Ces isolants nécessitent généralement une énergie grise faible (entre 50 et 150 kWh/m3).

Leur origine est principalement naturelle bien que les liants soient souvent issus de l'industrie chimique.

Bien que très sensibles à l'eau, ces isolants peuvent servir de régulateur hygrométrique. Ils sont bien adaptés aux enveloppes perspirantes et au bâti ancien en rénovation.

Inconvénients :

Leur prix est souvent élevé (excepté celui de la paille).

Isolants synthétiques

Les matériaux isolants en plastiques alvéolaires sont d'origine organique (issus de l'industrie pétrolière). On citera parmi cette catégorie le polystyrène expansé, le polystyrène extrudé, le polystyuréthane, etc.

Avantages :

Ce sont les isolants les plus performants. Pour une épaisseur donnée, la résistance thermique sera donc la plus élevée. Ils ne craignent pas l'eau et ont donc généralement une durée de vie supérieure aux autres isolants.

Inconvénients :

Le prix est variable : le prix du polyuréthane est relativement élevé tandis que le polysryrène est l'un des isolants les moins chers du marché. L'énergie grise est très importante (entre 700 et 1 200 kWh/m3). De plus, ces isolants peuvent dégager des émissions de particules nocives en cas d'incendie.

Isolation thermique répartie

Plutôt que d'utiliser des matériaux isolants "mous", tels que ceux présentés précédemment, couplés de murs porteurs en béton, en parpaing ou en brique (non isolants), une autre technique d'isolation consiste à élaborer une isolation thermique répartie des façades.

Concrètement cela consiste à construire l'habitation directement avec un matériau porteur isolant. Cette technique est assez pratique à mettre en œuvre car il s'agit d'une solution "tout en un". Elle nécessite cependant une grande rigueur au niveau de la mise en place de chaque bloc, afin d'éviter les ponts thermiques.

Pour atteindre des performances en phases avec la RT 2012, il est nécessaire de prévoir une très large épaisseur de murs, ce qui n'est pas forcément esthétique. Ceci s'explique par le fait que les matériaux lourds sont bien moins isolants que des isolants légers utilisés dans les autres techniques. Cette technique engendre aussi quelques ponts thermiques notamment aux liaisons plancher/murs même si on peut les traiter en partie grâce à un isolant en nez de dalle.

Pour réduire l'épaisseur globale des murs, il est possible de coupler une isolation thermique répartie avec une ITI (isolation thermique par l'intérieur) ou une ITE (isolation thermique par l'extérieur). Dans ce cas cette technique perd le caractère "tout en un" de l'isolation thermique répartie, mais la mise en oeuvre est simplifiée car elle ne nécessite pas autant de rigueur (possibilité de couper les briques, etc.)

Type d'isolants	Isolant	Conductivité thermique moyenne (A utiliser si certifié uniquement) λ (W/ m.K)	Conductivité thermique par défaut de la réglementation λ (W/m.K)	Epaisseur d'isolant (cm) pour R=4,5 m2.K/W (mur)	€ HT/m2 pour R=4,5 m2.K/W	Principaux avantages
D'origine végétale	Laine de bois	0,037 - 0,042	0,07 - 0,10	17 - 19	25 - 35	Hygrorégulateur
	Chanvre	0,039 - 0,044	0,048 - 0,056	18 - 20	18 - 30	Hygrorégulateur
	Liège	0,035 - 0,042	0,049 - 0,10	16 - 19	45 - 60	Imputrescible Résistant à la compression Résistant à l'humidité
	Paille	0,05 - 0,075	0,052 - 0,08	23 - 34	10 - 15	Bon rapport qualité / prix
	Ouate de cellulose	0,037 - 0,042	0,049	17 - 19	25 - 35	Hygrorégulateur
D'origine animale	Plumes de canards	0,035 - 0,042	0,05 - 0,065	16 - 19	25 - 35	-
	Laine de mouton	0,035 - 0,042	0,046	16 - 19	25 - 35	Très bon Hygrorégulateur
D'origine minérale	Laine de verre	0,032 - 0,055	0,038 - 0,055	14 - 25	8 - 13	Bon rapport qualité/prix
	Laine de	0,032 - 0,055	0,042 - 0,050	19 - 22	10 - 15	Bon rapport

	roche					qualité/prix
D'origine synthétique	Polystyrène expansé	0,032 - 0,055	0,031 - 0,056	14 - 17	12 - 20	Bon rapport qualité/prix
	Polystyrène extrudé	0,032 - 0,055	0,041 - 0,046	13 - 16	20 - 30	Insensible à l'humidité et résistant à la compression
	Polyuréthane	0,032 - 0,055	0,03 - 0,05	10 - 14	25 - 35	Insensible à l'humidité et imperméable à la vapeur d'eau
Isolation Thermique Répartie (ITR)	Brique Monomur	Non applicable	Non applicable	45 Pour des blocs remplis de perlite pas de blocs suffisamment épais en Monomur standard	60 - 80 En épaisseur maximum pour de la monomur standard	Résiste à l'écrasement et au feu
	Béton cellulaire	Non applicable	Non applicable	45	70 - 100	Résiste à l'écrasement et au feu Très bon hygrorégulateur

Menuiseries extérieures

On désigne par menuiseries extérieures, les fenêtres, les portes extérieures, mais aussi les baies. Par extension, nous parlerons également de volets.

Pour les vitrages, on notera notamment la certification Cekal (www.cekal.com) et pour les fenêtres, la certification Acotherm.

Là encore, la RT 2012 n'impose pas de solution. Tout l'enjeu est de respecter l'exigence de résultat sur le Bbio < Bbiomax. Toutefois, nous rappelons l'exigence de moyen spécifique sur les menuiseries extérieures : minimum imposée de surface vitrée dans un bâtiment.

De même que pour les isolants, les caractéristiques thermiques de fenêtres devront être justifiées par un marquage CE, une certification ou un avis technique.

Les fenêtres ont la particularité de pouvoir maximiser les apports scolaires et les apports lumineux et en même temps créer une zone de faiblesse pour l'isolation thermique. En effet, même un triple vitrage n'est pas du tout équivalent à un mur isolé au niveau RT 2012 en termes de résistance thermique. Les fenêtres représentent donc le poste de pertes majeur, mais également le poste d'apports maximums. D'un point de vue thermique, et en dehors de toute considération de confort, les fenêtres sont donc utiles à partir du moment où les apports sont supérieurs aux pertes sur la période de chauffe.

Pour une fenêtre orientée au sud, c'est généralement le cas, n'importe où en France, les apports scolaires sont élevés. A l'opposé, sur la façade orientée au nord, les apports scolaires sont très faibles et ne permettent pas du tout de compenser les pertes. C'est pour cela que l'on cherchera à maximiser la surface de baie au sud et là minimiser au nord.

Le choix des portes et leur orientation n'est pas aussi complexe car il y a très peu d'apports possibles. Le principal objectif est alors de réduire les pertes.

Menuiseries et déperditions thermiques

Un des enjeux est donc de réduire au maximum les pertes de chaleur.

Les déperditions sont de deux sortes :

- Les pertes par conduction similaire aux pertes par les murs.
- Les pertes par rayonnement. Le rayonnement infrarouge ambiant à l'intérieur de l'habitation peut sortir à travers le vitrage tout comme le rayonnement infrarouge du soleil peut entrer (les apports solaires).

La grandeur caractérisant l'ensemble des déperditions par les fenêtres est le coefficient Uw, qui est le coefficient de transmission thermique surfacique de la fenêtre (w pour windows). Il dépend à la fois du vitrage dont la performance énergétique est donnée par le coefficient de transmission thermique surfacique du vitrage Ug (g pour glass) et du cadre dont la performance énergétique est donnée par le Uf (f pour frame). Par extensions les portes sont elles aussi caractérisées par un coefficient de transmission thermique Ud (d pour door).

Le coefficient Uw est corrigé lorsque les menuiseries sont équipées de volets. Pour réduire les pertes on cherche à réduire Uw en utilisant des volets.

Tableau comparatif de la performance énergétique pour les différents types de vitrages existants

Type de vitrage	Simple vitrage	Double vitrage - lame d'air	Double vitrage - lame d'argon	Double vitrage lame d'argon faible émissivité	Triple vitrage
Ug (W/m2.K)	5,8	2,2	2	1,2	0,6

Comme on peut le remarquer sur le tableau ci-dessus, le triple vitrage est le plus performant, mais celui-ci reste encore cher. Le vitrage le plus répandu est le double vitrage. Pour répondre aux exigences de la RT 2012, il est préférable de choisir a minima un double vitrage à lame d'argon à faible émissivité.

La lame d'argon est faite pour limiter les pertes par conduction. Les pertes par rayonnement, quant à elles, sont limitées par une fine couche métallique invisible du côté intérieur du vitrage pour que le vitrage réfléchisse au maximum les rayonnements infrarouges vers l'intérieur.

Pour ce qui est du choix du cadre, il existe trois matériaux couramment utilisés : le bois, le PVC et l'aluminium.

Tableau comparatif de la performance énergétique pour les différents types de menuiseries.

Type de cadre	PVC	Bois	Aluminium	Aluminium avec rupteurs de PT	Bois-aluminium
Uf (W/m2.K)	1,3 - 2,5	1 - 1,8	7 - 8	3 - 5	1 - 1,8

Comme on peut le voir sur le tableau ci-dessus, les menuiseries en bois et en PVC ont de bonnes performances thermiques. En revanche, l'aluminium est le deuxième matériau le plus conducteur de chaleur après le cuivre. Les cadres en aluminium, même a rupteurs thermiques, ont donc des conductivités thermiques plus élevés. Ainsi, l'aluminium est plutôt déconseillé dans les constructions RT 2012 car les fenêtres handicapent le Bbio.

Les menuiseries en bois-aluminium aussi appelées mixtes sont en fait des menuiseries en bois recouvertes d'un habillage en aluminium. Elles ont l'intérêt du bois, mais limitent leur entretien. Malheureusement, le prix est souvent plus élevé que pour les autres matériaux.

On notera également le développement des menuiseries avec des coeurs isolés qui devrait permettre d'améliorer rapidement le Uf des fenêtres dans les prochaines années.

Sur le volet énergétique, le choix d'une porte se limite à sa conductivité thermique. Le matériau extérieur importe peu car les fabricants peuvent des coeurs isolés (souvent du polystyrène en sandwich à l'intérieur de la porte).

Les volets, lorsqu'ils sont bien utilisés permettent de réduire les pertes thermiques durant la nuit (s'ils sont fermés) sans altérer les apports scolaires durant la journée (s'ils sont ouverts). Ils permettent également de protéger du soleil durant l'été et d'éviter ainsi les surchauffes.

Tous les volets peuvent être utilisés (battants, roulants ...), qu'ils soient isolants ou non. Ce qui importe est l'utilisation que l'ont fait des volets plutôt que les caractéristiques intrinsèques.

Pour cela, la RT 2012 valorise les volets motorisés et automatiques par rapport aux volets manuelles.

Fenêtres et apports scolaires

La capacité d'une fenêtre à transmettre les apports solaires gratuits en chaleur à l'intérieur de l'habitation est caractérisée par le facteur solaire de la fenêtre (coefficient Sw).

Le coefficient Sw caractérise la proportion de rayonnement thermique qui est transmis à travers la fenêtre. Par exemple, une fenêtre dont le Sw est égale à 50% laissera passer 50% de rayonnement solaire.

Pour réduire le Bbio, il faut maximiser les apports solaires. Il est donc nécessaire d'augmenter le facteur solaire des vitrages ainsi que la surface de vitrages au sud où le rayonnement solaire est à son maximum.

Le coefficient Sw est fourni par les fabricants et permet de comparer les différentes fenêtres.

Il est important de noter que si les apports solaires sont bénéfiques en hiver, ils peuvent aussi dégrader le confort d'été en provoquant des surchauffes en période estivale.

Dans le sud de la France on ne cherchera pas à installer des fenêtres avec un très bon Sw afin de limiter les apports en mi- saison et en été qui pourraient provoquer des surchauffent. En revanche, dans les zones plus froides, on cherchera à obtenir les meilleurs Sw possibles car le risque de surchauffe en été est bien plus faible.

Ponts thermiques

Un pont thermique est une partie de l'enveloppe du bâtiment où la résistance thermique, par ailleurs uniforme, connaît une discontinuité. Généralement, la résistance thermique est sensiblement réduite par une absence ou une dégradation locale de l'isolation et donne lieu à d'importantes fuites de chaleur vers l'extérieur.

La RT 2012 oblige donc à traiter les ponts thermiques afin de ne pas dépasser une certaine quantité de pertes de ceux-ci. Elle définit un coefficient Ratioc permettant d'évaluer les ponts thermiques d'un projet.

Le coefficient Ratioc est le ratio de transmission thermique lineique moyen global des ponts thermiques du bâtiment. Il s'agit de la somme des coefficients de transmission thermique lineique (Psi) multipliés par leurs longueurs respectives. Le coefficient Ratioc représente donc le "niveau des pertes" par pont thermique de liaison pour une habitation donnée. Plus il est élevé, plus l'habitation a des pertes importantes par ponts thermique linéaires.

Ce coefficient ne doit pas dépasser une valeur plafond de 0,28 W/m2ShonRT.K.

Les pertes par ponts thermiques dépendent du système constructif, du niveau et du type d'isolation des parois. Cette valeur devra donc aussi être calculée, pour chaque nouvelle habitation, par un bureau d'études thermiques afin de vérifier que l'article 19 de la RT 2012 est bien respecté, tout comme les coefficients Bbio, Cep et Tic.

<u>Typologie des ponts thermiques</u>

Les ponts thermiques de liaison

Ils se trouvent à la jonction entre les parois (façade/murs de refend, façade/planchers ...) et sont causés par l'interruption d'isolation à ces endroits là. Les pertes par ponts thermiques de liaison sont qualifiées par un coefficient de transmission linéique (psi) exprimé en W/(m.K).

La RT 2012 impose notamment un pont thermique minimum au niveau des plancher bas et des plancher intermédiaires ((psi) inférieur à 0,6 W/(m.K)).

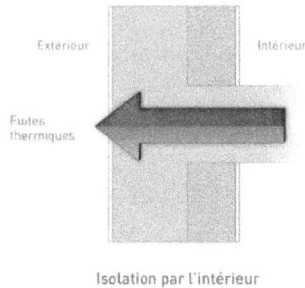

Extérieur   Intérieur

Fuites
thermiques

Isolation par l'intérieur

Les ponts thermiques intégrés

Ils sont directement liés au système d'isolation. Par exemple, dans un système d'isolation traditionnel, on utilise des rails métalliques pour fixer l'isolant. Les rails se trouvant entre les plaques d'isolant sont donc autant de discontinuités thermiques et donc de ponts thermiques intégrés. De même, dans les maisons à ossature bois simple, les nombreuses poutres peuvent entrainer de nombreux ponts thermiques.

Le coefficient Ratioc ne tient pas compte de ces ponts thermiques.

Impact des ponts thermiques

Dans les constructions de niveau RT 2012, les ponts thermiques, s'ils ne sont pas traités, peuvent représenter jusqu'à 40% des consommations de chauffage. En plus de cela, ils peuvent créer des désordres importants au niveau de l'enveloppe, tels que les condensations, l'apparition de fissures, de salissures ou encore de moisissures.

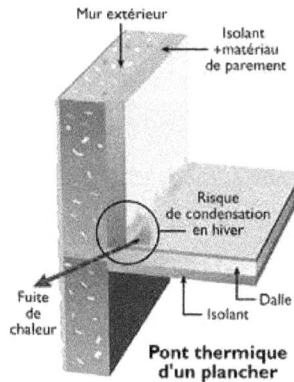

Pont thermique d'un plancher

L'isolation thermique par l'extérieur permet de réduire de 90% les ponts thermiques de façade. Il reste toutefois le pont thermique entre la façade et le plancher bas à bien traiter, ainsi que les ponts thermiques autour des balcons et fenêtres.

Comment parer aux ponts thermiques?

Il existe trois possibilités pour traiter un pont thermique de liaison :

- Réduire la section du pont thermique.
- Couper le pont thermique par rupture isolante (rupteur de pont thermique).
- Allonger le chemin du passage de la chaleur pour freiner les déperditions.

Etanchéité à l'air

Lorsque l'on réalise un bâtiment performant énergétiquement, il est primordial de soigner l'étanchéité à l'air de l'enveloppe. En effet une mauvaise étanchéité à l'air de l'enveloppe, peut être source d'inconfort et de désordre :

- Présence de courants d'air froids désagréables;
- Qualité de l'air dégradée (orifices de perméabilité non nettoyables);
- Apparition de traces de salissures (zone froide=condensation=adhérence de poussière);
- Défaut de conservation du bâti (moisissures);
- Inconfort acoustique.

De plus, les infiltrations d'air représentent des pertes thermiques importantes. Elles génèrent des surconsommations de chauffage de 5 à 10% en moyenne dans les bâtiments ordinaires, jusqu'à 50% ou plus dans des bâtiments isolés selon les exigences de la RT 2012.

Les principales sources d'infiltrations dans un bâtiment ordinaire sont présentées dans la figure du Centre d'études techniques de l'équipement de Lyon ci-dessous.

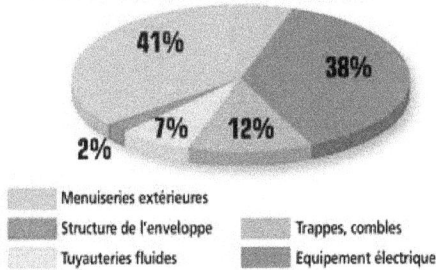

Où se situent les fuites d'air selon le CETE de Lyon ?

A l'instar du label BBC Effinergie qui l'impose déjà, la RT 2012 rend obligatoire d'atteindre une très bonne étanchéité à l'air de l'enveloppe. On détermine l'étanchéité à l'air non pas par le calcul mais par une mesure in situ : le test à la porte soufflante.

Réussir l'étanchéité à l'air

En phase conception

Le maitre d'œuvre doit s'attarder sur la phase de conception en prenant en compte les éléments suivants :

- Faire le dessin de la continuité de l'étanchéité à l'air et en identifier les points faibles. Réaliser un carnet de détails pour les entreprises avec tous les points délicats traités. Le Cete a collecté les résultats de plus de 1 000 essais réalisés sur un grand nombre de logements. La figure ci-dessous souligne les principaux points faibles de l'étanchéité à l'air de l'enveloppe des bâtiments.

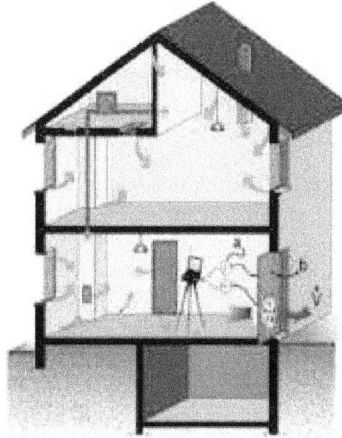

- Intégrer l'étanchéité à l'air dans les CCTP : y décrire les opérations de traitements d'étanchéité à l'air dans les CCTP et affecter à chaque lot ses limites de responsabilité.
- Demander aux entreprises le chiffrage spécifique de la mise œuvre des systèmes de traitement de l'étanchéité à l'air. Ainsi, les entreprises prennent la mesure de l'importance de ce lot et n'auront pas l'impression de "travail en plus".
- Le coût moyen constaté dans ce cas (main d'œuvre + matériel) est, pour le neuf, de 10 à 15 € HT/m2 Shon et, en rénovation, de 20 à 30 € HT/m2 Shon.

En phase mise en œuvre (sur le chantier)

En ce qui concerne l'étanchéité à l'air, il est nécessaire, sur le chantier, de :

- Désigner le responsable de la démarche en phase chantier (l'entreprise en charge du lot principal, le bureau d'étude thermique, le maître d'œuvre...)
- Expliquer, dès les premières réunions de chantier, à l'ensemble des corps d'état l'enjeu crucial de l'étanchéité à l'air et ses implications.
- Controller l'étanchéité à l'air par des mesures: deux tests à la porte soufflante sont préconisés. Il est indispensable que tous les corps d'états soient présents lors des tests d'étanchéité à l'air en cas de nécessité de rectification.

Le contrôle de l'étanchéité à l'air

Une fois que les éléments constitutifs de l'étanchéité à l'air ont été bien mis en œuvre, conformément aux carnets de détails remis par le maître d'œuvre, arrive le moment crucial du contrôle de l'étanchéité par le test à la porte soufflante.

Deux contrôles sont préconisés :

- Un test (optionnel mais conseillé) appelé test intermédiaire d'infiltrométrie. Il permet de corriger les défauts avant second œuvre et les finitions.
- Une vérification obligatoire définitive à la fin du chantier permettant de certifié la conformité à la RT 2012.

Equipements

Le choix des équipements est déterminant dans la consommation de l'habitat. Etre conforme à la RT 2012, c'est aussi faire un choix judicieux qui permettra de réduire la consommation en énergie primaire par m2 et par an, le coefficient Cep.

Les exigences de la loi

La RT 2012 n'impose pas de système unique, toutes les solutions sont à priori possibles. En effet, l'obligation principale en matière d'équipement est d'atteindre un coefficient Cep inférieur au Cepmax fixé par la réglementation.

Tous comme le Bbiomax, le Cepmax dépend de plusieurs critères dont la localisation géographique, l'altitude, le type et la surface du logement etc. Il est a calculer pour chaque construction.

- A ce Cepmax est comparé le Cep du projet, qui prend en compte :
- le chauffage, dont les consommations sont symbolisées par le Cep_ch ;
- le refroidissement, dont les consommations sont symbolisées par Cep_fr ;
- la production d'eau chaude sanitaire (ECS), dont les consommations sont symbolisées par Cep_ecs ;
- l'éclairage artificiel, dont les consommations sont symbolisées par Cep_ecl ;
- les auxiliaires de chauffage, de refroidissement, d'eau chaude sanitaire et de ventilation dont les consommations sont symbolisées par Cep_auxv.
- dans le cas de recours à un système de production locale d'électricité, l'énergie produite est déduite du Cep.

Energies

L'énergie finale est l'énergie comptabilisée "au compteur" de l'habitation.

L'énergie primaire, quant à elle, est l'énergie qui a été réellement prélevée à la terre avant toute transformation pour fournir cette énergie finale. Elle s'exprime en kilomwattheure énergie primaire (kWhep).

Pour produire chaque kWh d'électricité consommé au compteur, il faut prendre à la nature 2,58 kWh d'énergie primaire. Ceci est lié aux rendements des centrales électriques et aux pertes en ligne sur le réseau de distribution (une partie de l'électricité est perdue pendant son transport de la centrale au lieu de consommation). Pour toutes les autres énergies (gaz, fioul, bois), 1kWh consommé équivaut à 1kWhep. Ce coefficient de conversion en énergie primaire de 2,58 pour l'électricité a un impact important dans le choix des équipements.

Le coefficient de conversion en énergie primaire retenu dans la RT 2012 est donc un coefficient relatif représentant l'écart de rendement entre la chaîne de production-transport-distribution de l'électricité et celles d'autres énergies.

Ventilation

La ventilation de l'air dans la maison est réglementée. Quelle que soit la ventilation choisie, le renouvellement d'air doit être suffisant pour respecter les valeurs minimales d'hygiène définis dans la loi. Ce débit minimal est défini pièce par pièce et dépend du nombre de pièces à vivre, du type de ventilation installée, etc.

Une ventilation entraîne une consommation d'énergie sur deux postes différents :

- Les consommations de chauffage (Cep _ch) car il faut réchauffer l'air froid entrant de l'extérieur. Cette consommation dépend du débit de renouvellement d'air de la ventilation et de la différence de température entre l'air extérieur qui entre et l'air intérieur de la maison qui sort.
- La consommation (Cep_auxv) des moteurs des ventilateurs dans le cas des ventilations mécaniques.

Ventilation mécaniques contrôlées (VMC)

La VMC simple flux auto réglable

C'est la ventilation mécanique de base. Un ventilateur aspire avec un débit constant l'air vicié de la maison. Les bouches d'entrées d'air se situent dans les pièces de vie, souvent en parties hautes des fenêtres et les bouchent d'extraction dans les salles d'eau. C'est donc l'air extérieur (froid) qui entre dans la maison.

Malheureusement, ce type de VMC implique une consommation de chauffage importante car le débit d'air est maintenu en permanence à un niveau élevé et l'air entrant est froid.

Le ventilateur consomme également beaucoup d'énergie électrique puisqu'il fonctionne en permanence.

La VMC simple flux hygroréglable

Elle fonctionne selon le même principe que la VMC simple flux autoréglable, mais les bouches d'extraction et d'entrée d'air sont hygroréglables : le débit d'air renouvelé varie en fonction de l'humidité de l'air. Lorsque l'air intérieur est humide, le débit est important et lorsque l'air intérieur est sec, le débit est minime.

La VMC double flux

Son principe consiste à insuffler mécaniquement de l'air neuf dans les pièces de vie et à extraire le même débit mécaniquement dans les pièces humides. Il implique donc deux ventilateurs et un réseau de gaines d'insufflation en plus du réseau de gaines d'extraction du cas de la VMC simple flux.

La VMC double flux est généralement équipé d'un échangeur de chaleur à haute efficacité entre l'air extrait et l'air neuf. Cet échangeur permet d'utiliser les calories de l'air extrait pour réchauffer l'air froid entrant. Les entrées d'air ne se font donc plus en partie haute des fenêtres mais depuis des bouches de soufflage.

Ventilation naturelle

Il est possible de ventiler son habitation de façon naturelle. Cependant, une ventilation naturelle par conduit nécessite une mise en œuvre plus complexe car difficile à dimensionner. En effet, les débits d'air sont plus aléatoires, ils dépendent du vent, etc. Son intérêt principal est qu'elle ne consomme pas d'électricité, mais du fait de la difficulté à réguler les sur-débits, induit des consommations de chauffage généralement plus élevées qu'une ventilation mécanique.

Autres ventilations

D'autres systèmes moins répandues sont aussi possibles comme la ventilation hybride. Son fonctionnement de base est le même que celui d'une ventilation naturelle par conduits, mais lorsque le débit devient insuffisant, un système mécanique prend le relais.

Eau chaude sanitaire (ECS)

La consommation d'énergie liée à la production d'eau chaude sanitaire entre dans le calcul du Cep. Elle est liée aux besoins d'eau chaude et à la qualité du système de production dans son ensemble.

Le principal moyen de réduire les consommations n'énergie associées à l'ECS est d'utiliser un système de production performant. Ce poste de consommations représente 30 à 40% des consommations conventionnelles dans les maisons BBC aujourd'hui. Il n'est donc pas à négliger.

Les chaudières et pompes à chaleur double service

La production d'eau chaude est assurée par le système de chauffage principal.

Pour le cas de la chaudière double service, le rendement de la production d'ECS correspond à peu près à celui à pleine charge de la chaudière. Actuellement, ils sont très bons ; ce type de système permet facilement de rentrer dans les critères de consommation (Cep) de la RT 2012.

Le ballon électrique

La production d'eau chaude est assurée par un ballon électrique indépendant.

Le rendement de production est proche de 100% en énergie finale. Le rendement de stockage est de l'ordre de 65% à 70%. Le coefficient de conversion de l'énergie finale en énergie primaire conduit à des consommations d'énergie très importantes.

Très utilisé jusqu'à présent, car simple d'installation et peu coûteux à l'investissement, ce type de ballon a vocation à être remplacé par des technologies plus performantes avec l'avènement de la RT 2012.

Chauffe-eau solaire individuel

La production d'eau chaude est assurée principalement par un ballon solaire. L'énergie du soleil permet en fait de couvrir entre 50 et 80% des besoins en ECS sur une année. Le reste des besoins est assurée par un système d'appoint électrique ou par une chaudière, selon les installations.

Le chauffe-eau solaire est facilitant pour être conforme à la RT 2012 car la majorité des besoins est couverte par les apports solaires. La consommation est divisée par plus de deux par rapport à un ballon électrique ou un ballon sur chaudière.

Chauffe-eau thermodynamique

La production d'eau chaude est assurée par un ballon muni d'une petite pompe à chaleur (Pac) dédiée à la production d'eau chaude sanitaire. Elle utilise les calories de l'air pour les restituer à l'eau contenue dans le ballon. On peut utiliser selon les cas l'air extérieur, l'air ambiant d'un local non chauffé ou l'air extrait par la ventilation. Plus l'air utilisé est chaud, plus le système est efficace.

Sur une année, le ballon thermodynamique réduit d'environ 50 à 75 % les consommations électriques par rapport à un ballon électrique standard, facilitant ainsi la conformité à la RT 2012.

Autres systèmes

Il existe d'autres systèmes de production d'ECS qui sont plus ou moins en phase de test et plus ou moins adaptés aux maisons individuelles. Parmi ceux là, le système de Pac associé à des capteurs solaires, la cogénération ECS solaire et photovoltaïque, etc.

Système de production de chauffage

Le choix du système de chauffage va impacter le Cep par les consommations. Celles-ci sont liées au besoin de chauffage et aux performances du système d'émission, de distribution, de régulation et de production de chaleur.

De plus, le choix d'un système de chauffage doit être fait avant tout en fonction des objectifs des propriétaires et des contraintes extérieures. Par exemple, le passage du gaz dans la rue, le recours facile au bois, la possibilité d'un espace de stockage suffisant pour le bois, la volonté de rejets minimums de gaz carboniques, etc. sont autant de critères propres aux propriétaires et au projet.

La comparaison des systèmes est complexe car l'énergie utilisée ainsi que les paramètres de choix varient. Seule une modélisation thermique selon la méthode Th-BCE 2012 permet une comparaison relative des consommations futures.

Cependant, comme pour l'eau chaude sanitaire, il peut y avoir des pertes sur tout le système de chauffage : génération, distribution, émission, régulation. Ces aspects permettent une approche de comparaison des systèmes de chauffage.

Système de refroidissement

Dans la RT 2012, un système de refroidissement actif est pris en compte au même titre qu'un système de chauffage. La réglementation thermique n'impose pas de système en particulier tant que l'exigence sur le Cep est satisfaite.

On peut réduire l'impact des systèmes de refroidissement sur le Cep :

- en réduisant les besoins de climatisations
- en utilisant un système de refroidissement performant avec peu de pertes thermique que se soit au niveau de l'émission, de la distribution, du stockage, de la génération ou de la régulation.

Système de production d'électricité photovoltaïque

Il existe différentes techniques pour produire de l'électricité à demeure, mais la plus connue est sans doute l'installation solaire photovoltaïque.

A travers l'article 30 de l'Arrêté du 26 octobre 2012, le législateur souhaite favoriser la production d'électricité à demeure sans que cela n'entraîne pour autant une incohérence sur la maîtrise énergétique de l'habitation pour les raisons suivantes :

- c'est le premier pas vers les bâtiments à énergie positive car on prend en compte la production locale d'énergie ;
- cela permet de produire de l'énergie renouvelable et donc d'améliorer la part des énergies renouvelables dans le mix énergétique en France.
- -produire localement de l'énergie permet de limiter les pertes en ligne et donc d'augmenter l'efficacité globale du réseau.

Le calcul de la production d'électricité à demeure dépend des caractéristiques des panneaux photovoltaïques et des circuits électriques associés.

De la même manière que la consommation d'électricité est convertie en énergie primaire par le facteur 2,58, la production locale d'électricité est aussi corrigée par ce même coefficient. Par exemple, produire localement un kWh d'électricité permet de déduire 2,58 kWh sur le Cep de l'habitation.

Eclairage

Pour le résidentiel, le système d'éclairage est entièrement conventionnel dans la RT 2012. En d'autres termes, n'étant généralement pas connu donc non véritable à la réception il n'est pas possible d'optimiser le calcul de la RT 2012 en jouant sur le type d'ampoule que l'on installe pour réduire le Cep.

La méthode de calcul Th-BCE 2012 considère qu'une ampoule 11 W est installée pour chaque surface 8 m2 environ, et que 10 % d'entre elles sont allumées simultanément lorsque l'accès à l'éclairage naturel n'est pas suffisant. C'est donc uniquement en améliorant l'accès à l'éclairage naturel que l'on peut réduire les consommations liées à l'éclairage.

3. Un bon confort d'été

Ce n'est pas une fatalité que d'avoir chaud dans les combles en été. En effet, la pente et la couleur de la couverture favorisent l'absorption de la chaleur, conduisant parfois à des températures de l'ordre de 70 ou 80 °C. L'isolant se situant entre la couverture et le parement du comble retarde et amortit les variations de températures.

La diffusivité caractérise l'aptitude de l'isolant à retarder la progression d'un pic de surchauffe de la face extérieure vers la face intérieure : plus elle est faible et plus l'isolant retarde cette progression de l'extérieur vers l'intérieur.

Après les ouvertures, c'est toit qui apporte le plus de chaleur dans les combles. L'isolation de la toiture est primordiale : on choisit l'isolant notamment pour sa résistance thermique et sa diffusivité.

Aux environs de 1h, le soleil provoque une rapide élévation de la température de la couverture, qualifiée de « pic de surchauffe ». En fonction de la masse volumique et de la diffusivité de l'isolant, cette élévation de température atteindra les combles, avec une moindre amplitude, après un laps de temps plus ou moins long.

Les panneaux de laine de roche de masse volumique élevée retardent et atténuent la perception de la chaleur à l'intérieur.

L'inertie thermique d'un local (ou sa capacité thermique) contribue à réguler sa température ambiante en absorbant de la chaleur quand il fait plus chaud et en la restituant quand il fait plus frais. La laine de roche (par sa masse volumique et son épaisseur) augmente l'inertie thermique. De ce point de vue, les combles aménagés présentent une faible inertie : plus sa capacité thermique augmente par mètre carré, plus l'isolant contribue à augmenter l'inertie thermique de la paroi.

Les combles aménagés présentent une faible inertie. Aussi, on évitera les châssis.

Avec un éclairage zénithal, l'apport de lumière est beaucoup plus important qu'avec des fenêtres verticales, et l'ensoleillement contribue hélas à des surchauffes, particulièrement en été à cause de notre latitude terrestre et de la déclinaison.

Aux environs du solstice d'hivers, le soleil est au contraire beaucoup plus bas dans le ciel : il reste visible moins longtemps et balaie le secteur azimutal le plus faible.

A l'éclairage zénithal, on préférera les outeaux, les lucarnes, les lanterneaux, ou, mieux encore, des baies vitrées en retrait, protégées par le toit.

Pour le reste de la maison, on privilégiera l'introduction de la lumière naturelle par des baies vitrées orientées à l'est et au sud de la maison.

On prévoira que cette lumière traverse ensuite la maison par de larges ouvertures et des impostes vitrées.

V.   La RT à venir

Nous avons déjà fait mention auparavant de la prochaine réglementation thermique qui est effectivement prévue pour 2020. La RT 2020 mettra en œuvre ce qu'on appelle le BEPOS (Bâtiment à Energie Positive). Ce genre de construction à très basse consommation d'énergie produit plus d'énergie qu'elle n'en consomme. Le bâtiment à énergie positive sera désormais obligatoire pour tous les logements neufs à partir de 2020.

Le BEPOS présente une consommation de chauffage inférieure à 12 kWhep/m²/an et une consommation totale d'énergie primaire chauffage, eau chaude sanitaire, éclairage, tous appareils électriques confondus soit tous usages, de 100 kWh/m²/an !

Pour obtenir à une telle performance en premier lieu en construction neuve ou en lourde réhabilitation, le besoin énergétique doit être ramené à un niveau dit passif. Ainsi le BEPOS est avant tout un BEPAS (Bâtiment à Energie Passive). Un BEPAS va encore plus loin dans la performance énergétique en utilisant toutes récupérations d'énergie et en utilisant de surcroit les énergies gratuites et renouvelables avec des stockages plus importants avec l'énergie solaire par exemple.

Nous pouvons rappeler que le concept de BEPAS ou de maison passive nous vient de nos voisins Allemands (à titre d'exemple le concept Passiv Haus).

La conception d'un habitat à énergie positive reprend généralement les grands principes de la maison passive, en y ajoutant des éléments de productions d'énergie :

- Isolation thermique renforcée, fenêtres de grande qualité ;
- Suppression des ponts thermiques et isolation par l'extérieur ;
- Excellente étanchéité à l'air ;
- Forte limitation des déperditions thermiques par renouvellement d'air via une ventilation double flux avec récupération de chaleur sur air vicié ;
- Captation optimale de l'énergie solaire de manière passive ;
- Protections solaires et dispositifs de rafraîchissement passifs ;
- Limitation des consommations d'énergie des appareils ménagers ;
- Équipement en moyens de captage ou production d'énergie (capteur photovoltaïque, capteur solaire thermique, aérogénérateur, pompe sur nappe, freecooling par plancher rayonnant, rafraîchissement adiabatique, sondes géothermiques verticales, etc)
- Récupération et utilisation optimales des eaux pluviales.
- Épuration naturelle par lagunage

L'énergie excédentaire peut être fournie aux bâtiments voisins, mais est généralement injectée sur des réseaux électriques ou de chaleur, privés ou publics.

VI.   Conclusion

Ce que nous devons retenir de ce projet recherche et développement sur la réglementation thermique Grenelle de l'Environnement 2012 (RT 2012) est que cette réglementation est une innovation contre la consommation d'énergie des bâtiments. Son domaine d'application et ses exigences de résultats (Bbio, Cep, Tic) permettent de diviser par 3 les consommations énergétiques.

La RT 2012 prend en compte la consommation d'énergie pour la réduire. Elle valorise l'isolation du bâtiment et sa qualité de conception ; et généralise aussi la production d'énergie renouvelable dans le résidentiel.

Bibliographie

LE MONITEUR, « RT 2012 », 8 février 2013

Le nouveau règlement « Produits de construction », Edition Afnor, Pierre Chemillier

Réglementation Thermique RT 2012

http://lemoinebatiment.pagesperso-orange.fr/

http://www.ineris.fr/

http://www.cnidep.com/

http://rt2012.senova.fr/

http://promotelec.com/

http://batirama.com/

http://www.aerobat.fr/

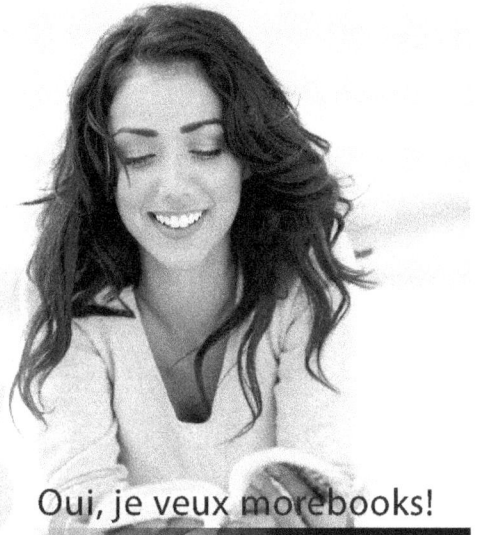

www.ingramcontent.com/pod-product-compliance
Lightning Source LLC
Chambersburg PA
CBHW021611210326
41599CB00010B/698